愛上布列德

麵包的49種美味吃法

美食職人
張智強 ◎ 著

人文的 · 健康的 · DIY的
腳丫文化

CONTENTS

part 1

吐司披薩

挑選不同口感的吐司當作披薩餅皮，搭配各式各樣豐盛的配料，再放進烤箱烘烤。麵包切法可稍有變化，例如切成小圓片、小條狀、斜片狀等，不僅美觀也更易入口。

part 2

三明治

味道重的食材可選擇紮實而有嚼勁的穀物或雜糧麵包，柔軟香甜的日式麵包適合較清爽的配料。想吃什麼料都能隨意夾，但要考慮到與食材搭配的平衡感。

part 3
夾堡

平凡單調的麵包會隨著加入不一樣的材料，而變化成不同口味，可以依照不同季節加入各種當季食材，這也是手作麵包料理的最大樂趣。

part 4
創意風味

從前菜、主食到湯品，千變萬化，即使是切下來的吐司邊，也可以經由各種調味方式而變成美味好吃的點心。

part 5
美味大搜查

細緻綿密、香濃咬勁、高矮胖瘦、酸甜軟硬的麵包各有不同，種類、吃法和口味五花八門，本章介紹採用天然素材、製作嚴謹的手工人氣麵包，嚐鮮就趁現在。

從講究美味開始領略美好生活

—— 張智強

氣溫飆升，食欲下降，

下廚開伙，不一定得汗水淋漓，

5分鐘好料端上桌，優雅享受超值餐點，

絕對好吃，絕對豐富，絕對樂活，絕對簡單！

　　無論是快被烤焦的夏日，或是難得放鬆的假期，只想待在家悠閒度過，但又不想吃得太隨便，不如來場簡單又豐盛的麵包饗宴。不必擔心動刀動鏟，只要利用一些現成的材料就能做出滿腹大餐。

　　說穿了，麵包料理是混搭的藝術，將食材與麵包夾夾疊疊，沒什麼困難，就看各項食材的組合與比例是否合拍。重點是所有材料皆能從你家附近的超商或家裡冰箱取得，可難可易，當配角不喧賓奪主，擔綱主角風情萬千。你可以加入自己的偏好與嘗試，做出各種創新的調和美味，如此簡單就能享受迷人美味，你一定要試試。

前 言

愛上麵包，品味麥香

　　台灣早期飲食主要以米飯為主食，直到日據時期引進麵包原料及文化，台灣人才開始有吃麵包的習慣，因此偏向日式口感的麵包是台灣人的古早味記憶。後來隨著蛋糕及西式點心引進，麵包的樣貌才趨於多元。

　　一般來說麵包類型可分為法式、德式、義式（以上三種泛稱歐式）、日式及台式。以法式麵包來說，最經典即是長棍麵包、鄉村麵包、丹麥可頌等，長棍麵包傳統製作方式是僅使用麵粉、酵母、鹽、水及少量奶油等簡單材料。重點在於水及麵粉的比例，特色是外酥內軟。可頌則是重複麵團裹奶油的動作，經高溫烘烤出層次分明的美味。

　　採低溫發酵法的德式麵包，最具代表性的有裸麥麵包及雜糧麵包，帶有獨特的香Q咬勁，口感純樸紮實，大多與雜糧堅果一起烘培，其高纖、無糖、無油、不添加化學原料的特色，深受講求健康飲食的樂活族喜愛。

　　義式麵包擅長使用各式香料及橄欖油一起烘培，例如佛卡夏、拖鞋麵包（巧巴達）和古勒希尼，外層薄脆、內層柔軟有嚼勁，風味濃郁，適合沾取醬汁或濃湯食用，用來捲火腿及拌沙拉也很對味。

　　日式麵包以包餡軟麵包著稱，主要

是加入糖、油、蛋的甜麵團為基底，再加入餡料，麵皮柔軟、配色豐富、造型講究。與歐式麵包的酸、硬特色完全不同，自成一派，最經典的是咖哩麵包和紅豆麵包等。台式麵包受日本影響很多，只是在餡料上軟偏向台灣當地的食材，例如蔥麵包、菠蘿麵包。

大致上台灣人比較習慣台式和日式的軟麵包口感，相對於較有嚼勁但變化不多的歐式麵包接受程度較低，但隨著健康意識抬頭，也有愈來愈多人希望吃到自然原味的麵包了。

美味秘訣大公開

忙碌現代人的生活中，麵包佔了十分重要的地位。早上睡過頭時，塞片土司就能出門，下午或是半夜肚子餓時，麵包就是最方便填飽肚子又兼顧美味的簡單食材。撕下一小口慢慢咀嚼，越咬越能夠享受到麵粉本身的風味。難得的周末假日，偶爾也想換換口味，暫時告別一下米飯和麵條，吃吃樂活又健康的麵包餐。

麵包好不好吃除了食材與配方的影響，更重要的關鍵在於各項材料間的比例調理，尤其吐司和法國麵包等歐式麵包，能經由各種配料間的平衡搭配，引發、突顯麵包的口感、滋味與麥香。本書內容將介紹各種搭配麵包的美味調理方法、烘烤方法與食用方法，讓大家能徹底體會麵包的迷人魅力，也讓吃膩一般傳統早餐與速食者有機會品嚐到不同視覺、口感的麵包料理。

食譜中使用的麵包大多為歐式麵包，依照四種做法設計出不同的創意吃法，考慮到整體風味的強弱以及味道平衡，將麵包的特質與配料的特質和諧組合，美味與

口感兼具，是注重健康者的輕食好選擇。此外，內文更介紹數種甜鹹滋味不同的抹醬與湯品，讓麵包更添風味。

另外，為了方便隨時輕鬆享用麵包的好滋味，平時預先製作好幾種甜鹹口味不一的抹醬放在冰箱裡冷藏，這裡介紹的抹醬一共有 16 種口味，想要吃的時候只需要簡單塗抹，就可以馬上品嚐。

麵包的保存

保存期限：常溫約 2 天、冷凍約 30 天。

食用方式：如為常溫保存可直接食用，或於麵包上噴些水分再以小烤箱烘烤會更美味。如為冷凍保存，建議先將麵包放於室溫解凍後，於麵包上噴些水分在以小烤箱烘烤後食用。

計量標準

食譜中會使用到各種調味料，可使用相近的種類代替，單位換算如下：

1 大匙＝15 c.c.

1 小匙＝5 c.c.

1 杯＝200 c.c.

1 ml＝1 c.c.

經常搭配的醬料

巴西米可油醋

材料　1 巴西米可醋 1 大匙　2 特級橄欖油 3 大匙
　　　3 海鹽少許　4 黑胡椒少許

作法　將所有材料混合，攪拌均勻即可。喜歡酸一點的
　　　人，巴西米可油醋的份量可多加一點。

香蒜鯷魚醬

材料　1 鯷魚 20 克　2 特級橄欖油 40 克　3 蒜頭 1/2 個

作法　鯷魚切碎後加入蒜頭及橄欖油，混合均勻。這種鯷
　　　魚醬和法國麵包很對味，淋在義大利麵上也不錯。

蜂蜜芥末醬

材料　1 法式芥末子 1 小匙　2 特級橄欖油 3 大匙
　　　3 蜂蜜 1 小匙　4 檸檬汁少許
　　　5 海鹽少許　6 黑胡椒少許

作法　混合芥末子、蜂蜜與檸檬汁後，倒入橄欖油，
　　　再依個人喜好添加海鹽與黑胡椒調味。

蘋果油醋

材料　1 蘋果醋 2 大匙（酸度 5% 以上）　2 特級橄欖油 3 大匙
　　　3 海鹽少許和黑胡椒少許　4 義式香料（可不加）

作法　將所有材料拌勻即可，蘋果油醋口味非常清爽，常用
　　　來當作沙拉佐醬。

咖哩美奶滋

蝦卵美奶滋

抹茶美奶滋

芥末美奶滋

莎莎醬

材料　1 番茄3顆（使用牛番茄，顏色會比較漂亮）
　　　2 青辣椒5個（可以再加一些小辣椒讓味道有層次）
　　　3 洋蔥半顆　4 香菜3支　5 蒜頭2個　6 橄欖油1大匙
　　　7 蘋果醋15m（最好不要使用甜味的）　8 海鹽少許　9 黑胡椒少許

作法　將番茄、洋蔥、青辣椒切成小丁，香菜與蒜頭切末，全部混合加入橄欖油，再倒入蘋果醋、海鹽及黑胡椒拌勻，靜置冰箱一晚就完成了。

羅勒青醬

材料　1 九層塔或羅勒100克（也可用燙過的菠菜替代）
　　　2 松子30克（可用花生或杏仁果替代）　3 特級橄欖油300ml
　　　4 蒜頭2個　5 帕馬森起司粉10克　6 海鹽、胡椒少許

作法　九層塔去梗、清洗瀝乾，松子用小火炒香，與蒜頭以食物處理機打碎，再將其他材料倒入，全部打成泥。完成的醬可入玻璃瓶中，封蓋前加滿橄欖油，冷藏可放5至7天，冷凍能保存2個月。

番茄紅醬

材料　1 番茄整粒罐頭600克（推薦美國的Hans品牌）
　　　2 橄欖油60cc　3 蒜頭2個　4 洋蔥1/2個
　　　5 胡椒1小匙　6 鹽1小匙　7 綜合義式香料少許

作法　將洋蔥切絲、蒜頭拍扁，以橄欖油小火爆香。接著將罐頭番茄放入塑膠袋，用手搗碎（使用新鮮的去皮番茄，味道更好），放入鍋中以大火煮沸後，轉小火加熱20分。放入胡淑、鹽及香料即可。一次可以多煮一些，待涼後放入冷凍庫可放2個月，冷藏為一周。

奶油白醬

材料　1 無鹽奶油40克　2 低筋麵粉40克　3 鮮奶600cc

作法　奶油以小火加熱後，分數次小量加入麵粉，炒至鍋沿起小泡泡，不然麵粉的生味會很重，再慢慢加入冰鮮奶，煮至滑順稍有稠度即可。冷藏可放5至7天，冷凍可放2個月。可以放一些起司變化成起司白醬，或是加入不同香料，就變成香料白醬。

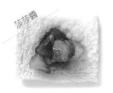
莎莎醬

羅勒青醬

番茄紅醬

奶油白醬

咖哩美奶滋

材料　**1** 咖哩粉 1 小匙　**2** 美奶滋 3 大匙
作法　咖哩粉過篩後，混合美奶滋攪拌均勻。

蝦卵美奶滋

材料　**1** 蝦卵 1 小匙　**2** 美奶滋 3 大匙
作法　混合蝦卵與美奶滋，攪拌均勻即可。

抹茶美奶滋

材料　**1** 抹茶粉 1 小匙　**2** 美奶滋 3 大匙
作法　抹茶粉過篩後，混合抹茶粉與美奶滋，攪拌
　　　均勻即可。

芥末美奶滋

材料　**1** 清酒 5ml　**2** 芥末 5ml　**3** 美奶滋 3 大匙
作法　先將清酒與芥末混合拌勻，再加入美奶滋充份攪
　　　拌。可以視個人口味，增減芥末量。加一點醬油
　　　也不錯，雖然顏色不太好看，但味道會更有層
　　　次。

咖哩美奶滋

蝦卵美奶滋

抹茶美奶滋

芥末美奶滋

香蒜紅椒奶油

材料　1　奶油100克　2　蒜末20克
　　　3　紅椒粉5克　4　鹽1/4小匙
作法　將所有材料混合，攪拌均勻即可。

芥末子奶油

材料　1　奶油100克　2　法式芥末子1大匙
　　　3　鹽1小匙
作法　將所有材料混合，攪拌均勻即可。

迷迭香奶油

材料　1　奶油100克　2　迷迭香1小匙
　　　3　鹽1小匙
作法　將所有材料混合，攪拌均勻即可。

黑芝麻奶油

材料　1　奶油100克　2　黑芝麻1大匙
　　　3　鹽1小匙
作法　黑芝麻用小火炒香後，加入奶油與
　　　鹽攪拌均勻。

香蒜紅椒奶油

芥末子奶油

迷迭香奶油

黑芝麻奶油

適合佐餐的湯品

青花菜濃湯

材料
- a 青花菜 500克
- b 洋蔥末 50克
- c 蒜末 10克
- d 火腿 50克
- e 奶油 30克
- f 沙拉油 30克
- g 高湯 1000cc（或是水）
- h 鹽適量
- i 黑胡椒適量
- j 鮮奶油 100cc

作法
1 青花菜汆燙後泡冰水。
2 用奶油及沙拉油將洋蔥末及蒜末炒香，再加入火腿拌炒，最後放青花菜及高湯，煮滾後離火冷卻，再用果汁機打成泥。
3 作法2用果汁機打成泥。
4 之後倒回鍋中煮滾，加鹽及黑胡椒調味，關火後加入鮮奶油。

南瓜濃湯

材料
- a 南瓜 400克
- b 洋蔥末 50克
- c 培根 20克
- d 奶油 30克
- e 沙拉油 30克
- f 高湯 1000cc（或是水）
- g 鹽適量
- h 黑胡椒適量
- i 鮮奶油 50cc

作法
1 將南瓜切片，放入烤箱烤，加熱後南瓜甜味會更明顯。
2 用奶油及沙拉油將洋蔥末炒香後，入培根拌炒，再加入南瓜及高湯，煮滾後離火冷卻，再用果汁機打成泥。
3 之後倒回鍋中煮滾，加鹽及黑胡椒調味，關火後加入鮮奶油。

奶油磨菇濃湯

材料
- a 磨菇 200克
- b 蒜末 10克
- c 洋蔥末 150克
- d 奶油 30克
- e 沙拉油 30克
- f 高湯 600cc（或是水）
- g 鹽適量
- h 黑胡椒適量
- i 鮮奶油 100cc
- j 香草末少許

作法
1 磨菇切片，用15cc的奶油和15cc的沙拉油炒香備用。
2 用另一半的奶油及沙拉油將蒜末炒香後，加入洋蔥末，炒出味道後加入磨菇及高湯，煮滾離火冷卻，再用果汁機打成泥狀。
3 之後倒回鍋中煮滾，加鹽及黑胡椒調味，關火加入鮮奶油及香草末。

麵包其他用法

麵包丁

將麵包或吐司切丁,切好後放入烤箱以180度烤5至6分。撒在湯上或加進沙拉裡,都非常美味。

麵包粉

麵包冷凍過後,或使用乾掉的法國麵包,切成小塊放入食用調理器,或放在袋子中壓碎即可。麵包粉當作油炸物的麵衣,口感特別酥脆。義式沙拉中經常使用麵包粉,義大利人稱它作窮人的起司粉。

part 1

吐司披薩

挑選不同口感的吐司當作披薩餅皮，搭配各式各樣
豐盛的配料，再放進烤箱烘烤。麵包切法可稍有變
化，例如切成小圓片、小條狀、斜片狀等，不僅美
觀也更易入口。

蒜苗沙拉米起司燒
Suamiao, Salamic cheese pizza

材料 { Material }

a 厚片吐司 1 片
b 港式臘腸 5 克
c 青蒜苗 1 小支
d 莫札瑞拉起司 15 克
e 鹽、胡椒少許
f 沙拉米 2 片
g 番茄紅醬 1 大匙

作法 { Practice }

1 將臘腸、青蒜苗及沙拉米切成細段備用;再把厚片吐司切成 4 等份。

2 將番茄紅醬（作法詳見第13頁）均勻塗上吐司。

3 接著放上莫札瑞拉起司、臘腸、沙拉米及青蒜苗,及鹽與胡椒後,放入烤箱以230度烤8分。

簡單的吐司擁有讓人百吃不膩的自然口感，
還能挑戰各種不同組合的美味。

不同的火腿有不同的風味，但不管哪一種火腿，跟洋蔥搭配都很對味。

火腿洋蔥小披薩

Ham, onion cheese pizza

材料 { Material }

a 法國麵包 1 片
b 番茄紅醬 1 大匙
c 莫札瑞樂起司 15 克
d 洋蔥切絲 15 克
e 火腿切絲 30 克

作法 { Practice }

1 將法國麵包切片。

2 均勻塗上番茄紅醬（作法詳見第13頁），再鋪上起司，洋蔥及火腿。

3 烤箱預熱230度，將披薩放入烤5至8分即可。

香蕉肉桂烤吐司
Cinnamon Banana Toast

材料 { Material }

a 香蕉 1 條
b 奶油 10 克
c 檸檬汁少許
d 肉桂粉適量
e 吐司 2 片
F 薄荷葉適量

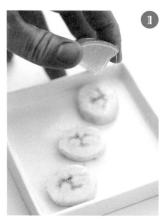

作法 { Practice }

1　香蕉切成 0.5mm 的片狀，淋上一點檸檬汁，防止氧化變黑，並緩和甜度。

2　將奶油均勻塗抹在吐司上。

3　把香蕉排列在奶油吐司上，以 220 度烤 7 至 8 分，完成後在香蕉上撒肉桂粉並放薄荷葉。

黑橄欖鯷魚小披薩

Onion, olives, anchovy, pizza

材料 { Material }

a 鄉村麵包 1 個
b 番茄紅醬 1 大匙
c 鯷魚 1 隻
d 莫札瑞樂起司 15 克
e 洋蔥絲 15 克
f 黑橄欖 1 顆
g 蒜頭 1/2 個

作法 { Practice }

1 麵包切片、黑橄欖與蒜頭切片備用。

2 鯷魚以砵混成泥。

3 再加入番茄紅醬（作法詳見第13頁）磨勻後，將醬汁塗在麵包片上，再均等放上其他材料。烤箱預熱至 220 度，烤 8 至 10 分。烤的時間依烤箱功率不同而調整，一般來說，大約起司融化，吐司有上色即可。

Country Bread
鄉村麵包

培根菠菜燒

Bacon Spinach cheese toast

Toast
吐司

材料 { Material }

a 菠菜 20 克

b 培根 2 片

c 奶油白醬 1 大匙

d 乾辣椒絲少許

e 莫札瑞拉起司 15 克

f 全麥厚片吐司 1 片

g 鹽、胡椒少許

作法 { Practice }

1 將厚片吐司依對角線切成4等分的小三角型,然後將
培根及菠菜切成2公分左右的大小備用 。

2 將奶油白醬(作法詳見第13頁)塗在吐司上,依序放上
起司、培根、菠菜與乾辣椒絲,最後加上一點鹽與
胡椒調味;先將烤箱預熱至200~230度,再將吐司
放入烤5至7分。

青醬鮪魚蛋燒

Tuna, Egg, Pesto cheese Gratin

材料 { Material }

a 法國麵包的頭尾
b 鮪魚罐頭20克
c 羅勒青醬1大匙
d 鮮奶油5克
e 水煮蛋1個
f 莫札瑞拉起司15克
g 鹽、胡椒少許

作法 { Practice }

1 水煮蛋切片、切下長型麵包的頭尾部份。

2 將切下部份挖中空。

3 鮪魚罐頭去油，混合鮮奶油及羅勒青醬（作法詳見第13頁）磨成泥狀。

4 依序將醬料、水煮蛋、起司塞入挖空的麵包中，放入烤箱烤至有點上色就行了。

French bread
法國麵包

XO醬鮮蝦吐司

Shrimp, Onion, XO sauce toast

Toast
吐司

材料 { Material }

a 吐司1片
b XO醬10克
c 橄欖油10克
d 莫札瑞樂起司15克
e 洋蔥20克
f 鮮蝦3隻

作法 { Practice }

1 鮮蝦汆燙後,泡冰水備用;將XO醬與橄欖油混合後,塗在吐司上,放上起司、洋蔥及蝦子。

2 烤箱預熱220度,將擺好料的吐司放進烤箱烤8至10分即可。XO醬烤過以後香氣更明顯。

菠菜紅椒披薩
Spinach, red pepper pizza

Country Bread
鄉村麵包

材料 { Material }

a 鄉村麵包1個
b 番茄紅醬1大匙
c 菠菜10克
d 紅黃甜椒10克
e 莫札瑞樂起司絲20克
F 鹽、胡椒少許

作法 { Practice }

1 將麵包橫切片,菠菜切約3公分小段、紅黃甜椒切絲備用。

2 在麵包塗上番茄紅醬(作法詳見第13頁),均勻地放上起司絲、甜椒絲、菠菜及鹽、胡椒少許,烤箱預熱200度,烤5至8分。菠菜跟紅黃甜椒搭配的口感很好,如果想要口味更豐富的話可以加一點火腿。

香料起司洋蔥麵包

Spice Onion cheese bread

材料 { Material }

a 拖鞋麵包1片
b 洋蔥15克
c 奶油1大匙
d 義式香料少許
e 鹽適量
f 胡椒適量
g 莫札瑞樂起司絲15克

作法 { Practice }

1 洋蔥切絲，拖鞋麵包切片，每片約1.5公分。

2 在麵包抹上奶油後放上起司絲、香料，接著適量撒上鹽與胡椒，最後放上洋蔥絲，用200度的預熱烤箱，烤5至7分。奶油及洋蔥的組合十分單純且清爽，適合當作早餐。

slipper bread
拖鞋麵包

厚片起司燒
Ham, cheese Baked

point

火腿可用其它的材料代替，如煙燻味
較重的燻雞。

材料 { Material }

a 厚片吐司1片
b 奶油白醬1大匙
c 火腿2片
d 莫札瑞拉起司20克

作法 { Practice }

1 將厚片吐司由中間切開，不要切斷底部。

2 在切開的洞中塗上少許的奶油白醬（作法詳見第13頁），並夾入火腿。

3 在吐司向上的一面塗上奶油白醬。

4 接著撒上起司用200度的預熱烤箱，烤5至7分即可。

Toast
吐司

烤蘋果蜂蜜杏仁吐司

Roasted Almonds, honey, apple toast

Toast
吐司

材料 { Material }

a 蘋果 1 個
b 蜂蜜適量
c 吐司 1 片
d 杏仁 20 克
e 黑糖適量

作法 { Practice }

1 將杏仁用小火煎香。

2 將蘋果切薄片,泡鹽水備用。

3 在吐司上依序擺上蘋果、杏仁、蜂蜜及黑糖,放入預熱 180 度的烤箱,烤 5 至 8 分。

野菜風小披薩
Vegetable pizza

材料 { Material }

a 拖鞋麵包1片
b 番茄紅醬1大匙
c 莫札瑞樂起司絲15克
d 培根15克
e 青花菜10克
f 紅黃甜椒5克

作法 { Practice }

1 拖鞋麵包對半橫切。

2 培根及紅黃甜椒切小丁，青花菜滾水燙2分鐘
  後，泡冰水切成小朵。

3 在麵包上塗上番茄紅醬（作法詳見第13頁）後，將
  所有材料均勻鋪上在麵包上，放入預熱230度的
  烤箱，烤5至8分即可。

slipper bread
拖鞋麵包

綠捲鬚白醬麵包
Salamic, Cheese, Salad Bread

wheat bread
裸麥麵包

材料 { Material }

a 裸麥麵包 1 條
b 綠捲鬚 3 小根
c 奶油白醬 1 大匙
d 莫札瑞拉起司 30 克
e 沙拉米 3 片

作法 { Practice }

1 將綠捲鬚泡冰水後瀝乾備用，裸麥麵包切片。

2 麵包塗上奶油白醬（作法詳見第13頁）。

3 接著放上起司及沙拉米，用200度的預熱烤箱，烤5 至7分；食用前放上綠捲鬚。

臘肉培根小披薩
Garlic, Chiness Sausage, Bacon, pizza

Italian Bread
義式麵包

材料 { Material }

a 義式麵包 3 片

b 蒜頭 1 個

c 培根 1 條

d 臘肉 10 克

e 洋蔥 1 片

f 莫札瑞拉起司 15 克

g 紅椒粉少許

h 橄欖油 15cc

作法 { Practice }

1 將蒜頭切成末，加入少許的橄欖油，混合切成 2 公分
  絲狀的洋蔥、培根與臘肉。

2 將起司撒在麵包上，放上作法 1 的材料，然後放入預
  熱 200 度的烤箱，烤 8 至 10 分。食用前撒上紅椒粉。

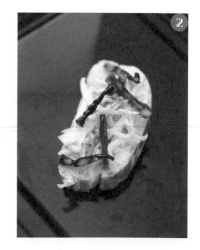

義式經典披薩
Margarita pizza

材料 { Material }

a 吐司1片
b 番茄紅醬1大匙
c 莫札瑞樂起司15克
d 培根1條
e 小番茄2個
f 九層塔數片

作法 { Practice }

1 吐司切邊，培根切成1公分小丁，小番茄切片，
  九層塔切絲。

2 在吐司上塗番茄紅醬（作法詳見第13頁），然後放
  上起司、培根、小番茄，放入預熱220度的烤
  箱，烤5至8分即可，烤完撒上九層塔即可。九
  層塔最後再放，比較不會黑掉。

Toast
吐司

香蒜紅椒麵包

Garlic, pepperika, butter bread

French bread
法國麵包

材料 { Material }

a 法國麵包 1 條
b 奶油 100 克
c 蒜末 20 克
d 紅椒粉 5 克
e 鹽 1/4 小匙
f 小番茄 3 個
g 特級橄欖油 10cc
h 黑胡椒少許
i 九層塔 2 片

作法 { Practice }

1 法國麵包切段約 15 公分後再切對半；將鹽、奶油、蒜末及紅椒粉混合。

2 香蒜紅椒奶油攪拌均勻後，塗在麵包上，放入預熱180 度的烤箱，烤 5 至 7 分。可以搭配番茄沙司，沾著吃。烤好的麵包可以冷凍起來，要吃之前，在麵包上撒點水再烤，一樣有濕潤口感。

番茄沙司作法 { Practice }

混合切成丁的小番茄，特級橄欖油、少許鹽及胡椒，最後加入切碎的九層塔末即可。

❶

❷

抹上一層厚厚的香蒜醬，放入烤箱烘烤的香酥麵包，
搭配葡萄酒或啤酒一起享用最是愜意。

海鮮披薩
Seafood pizza

French bread
法國麵包

材料 { Material }

a 法國麵包半條
b 章魚數片
c 干貝數個
d 奶油白醬 1 大匙
e 起司絲 10 克
f 蝦卵美奶滋或芥末美奶滋適量

作法 { Practice }

1 法國麵包切片，塗上奶油白醬（作法詳見第13頁）。

2 然後放上起司絲、燙熟的章魚或干貝，最後擠上蝦卵
美奶滋或芥末美奶滋（作法詳見第14頁），放入烤箱烤
至上色即可。

part 2

三明治

味道重的食材可選擇紮實而有嚼勁的穀物或雜糧麵
包，柔軟香甜的日式麵包適合較清爽的配料。想吃
什麼料都能隨意夾，但要考慮到與食材搭配的平衡
感。

鮪魚甜椒三明治
Tuna, Onion, red pepper sandwich

Toast
吐司

材料 { Material }

a 原味鮪魚 40 克
b 紅黃甜椒 20 克
c 洋蔥 20 克
d 美奶滋 40 克

e 胡椒粉少許
f 蝦 2 隻
g 全麥吐司 4 片

作法 { Practice }

1 將甜椒及洋蔥切成約 0.5 公分小丁，蝦子燙熟切碎備用。

2 將鮪魚罐倒出水及油，取一個碗，將鮪魚、蝦子、甜椒、洋蔥、美奶滋與胡椒攪拌混合；吐司烤一下，將混合的材料適量抹上，再切成4個小三角型。

烤得酥脆的三明治切片與口味豐富的食材，

在口中結合在一起，那種滿足是無法形容的幸福滋味。

薑汁燒肉三明治

Ginger pork sandwiches

point

肉片煎之前可用廚房用紙擦乾,比較不會油爆而且煎時會產生焦黃,味道較好。

Toast
吐司

材料 { Material }

a 梅花肉片 50 克
b 洋蔥絲 10 克
c 生菜 1 片
d 吐司 2 片

醬料
e 淡口醬油 3 小匙
f 味醂 2 小匙
g 米酒 1 小匙
h 薑泥 1 小匙

作法 { Practice }

1　將醬汁材料混合後，放入鍋中煮至融合，滾了就關火。

2　洋蔥切絲備用。

3　梅花肉用少許油煎至一點焦黃後，轉小火放入醬汁，煮至入味即可；吐司烤過後，放上生菜及薑汁梅花肉，壓平切對半。這道三明治的份量很多，當作正餐很有飽足感。

火腿乳酪三明治
Fried ham cheese sandwich

Toast
吐司

材料 { Material }

a 奶油10克

b 沙拉油10克

c 火腿2片

d 沙拉米2片

e 起司片2片

f 吐司2片

作法 { Practice }

1 在一片吐司放上一片起司片,再放上火腿及沙拉米後,再放一片起司,蓋上另一片吐司備用。

2 在鍋中先放沙拉油再放奶油,加熱後,小火將作法1的吐司兩面煎至有點上色即可,然後微波1分鐘,讓起司化開（如煎時已化開,就不必微波）。

和風豬排三明治
Japanese-style pork chop sandwich

point

1 豬排可用拍肉器或是瓶子底部，拍成薄片。

2 沾麵衣之前可以廚房用紙拭乾豬排上的水份，麵衣會沾裹得更漂亮。

3 高麗菜絲泡冰水才能有清脆的口感，泡完水一定要瀝乾。

材料 { Material }

a 吐司 2 片
b 豬排 1 片
c 麵衣：麵粉 3 大匙、全
　蛋 1 個、麵包粉適量
d 胡椒適量
e 鹽適量

f 沙拉醬 1/2 大匙
g 高麗菜 1 片
h 番茄 1 片
i 紫高麗菜苗少許

作法 { Practice }

1 高麗菜切絲、泡冰水後瀝乾備用；將豬排斷筋，
　撒上少許鹽及胡椒調味。

2 將調味過的豬排依序沾上麵粉、蛋汁及麵包粉
　後，以低溫油約 150 度炸至上色，拿起來瀝乾一
　會，再將油溫度調高至 170 度，放入豬排回炸讓
　表皮酥脆。

3 豬排起鍋後用廚房用紙巾將油吸去，將吐司烤 2
　分鐘後，抹上沙拉醬，放上炸好的豬排、高麗菜
　絲、番茄及紫高麗菜苗即可。

香菜豬肉三明治
Coriander Pork sandwich

wheat bread
裸麥麵包

材料 { Material }

- a 香菜 10 克
- b 蒜苗 10 克
- c 豬肉片 40 克
- d 裸麥麵包 2 片
- e 芥末美奶滋適量

作法 { Practice }

1 將香菜切小段約 3 cm，蒜苗切末，豬肉片氽燙過後，泡冰水，以廚房用紙將水份拭乾。

2 麵包烤過後，塗上芥末美奶滋（作法詳見第 14 頁），放上豬肉片、香菜及蒜苗即可。

可樂餅三明治

Croguette sandwich

point

1 沾麵粉時要抖掉多餘的粉，不然炸起來會很醜。

2 沾完麵包粉用手輕壓一下，讓粉固定。

3 馬鈴薯泥放涼後比較好調整形狀。

材料 { Material }

a 馬鈴薯 2 個
b 洋蔥 1/2 個
c 培根 1 條
d 奶油 2 大匙
e 鹽及胡椒少許
f 鮮奶油 10 cc

g 麵衣：麵粉 50 克、蛋 1 個、麵包粉 1 小包
h 高麗菜數片
i 吐司 2 片
j 咖哩美奶滋 1 大匙

作法 { Practice }

1 將高麗菜切絲泡水後濾乾備用；洋蔥及培根切成細末，用一匙奶油炒香，然後與蒸熟的馬鈴薯一起壓成泥狀。

2 接著加入一匙奶油及鮮奶油、鹽及胡椒調味。

3 薯泥放涼或冷藏冰鎮後，捏整成 2 公分厚的片狀可樂餅；依序沾上麵粉、蛋汁及麵包粉，再用 150 度的低溫炸 3 分，拿起瀝乾一會，用 170 度高溫再炸一次，起鍋後用紙巾把油瀝乾。

4 在吐司內面塗上咖哩美奶滋（作法詳見第 14 頁），放上高麗菜絲及可樂餅即可。

照燒香雞三明治
Teriyaki Chicken Sandwich

材料 { Material }

a 吐司 2 片
b 去骨雞腿肉 1 隻
c 沙拉醬 1/2 大匙
d 洋蔥 10 克
e 小黃瓜 10 克

醬料

f 淡口或薄塩醬油 1 大匙
g 味醂 1 大匙
h 清酒或米酒 1 大匙
i 柳橙汁 1 小匙（罐裝或新鮮都可以）

作法 { Practice }

1　將黃瓜切絲、洋蔥切絲泡冰水備用（食用前要以紙巾拭乾再夾入麵包）。

2　製作醬汁。將所有醬料的材料混合，放入鍋中煮滾，讓味道融合，滾了就關火，不必煮太久。這種醬汁使用廣泛且方便，一次可以多煮一些放在冰箱，冷藏保存期限約為七天。

3　如果可以的話雞腿肉先用菜刀片成厚薄一致，再以中大火兩面各煎一分半鐘後，開小火將醬料全部放入鍋中煮 7 至 8 分，雞腿煮時要翻面，起鍋放涼之後，可以切 1 公分的長條，比較方便入口；將吐司烤 2 分鐘，抹上沙拉醬，放上洋蔥絲、黃瓜絲與雞腿肉，再淋上少許的醬汁即可。

綜合水果三明治
Fruit sandwich

Toast
吐司

材料 { Material }

a 鮮奶油 40 克
b 梨子 40 克
c 奇異果 40 克
d 香蕉 40 克
e 吐司 4 片

作法 { Practice }

1 將所有水果切成 1 公分左右小丁。

2 將鮮奶油用攪伴器打發,將水果丁與打發的奶油均勻混合;吐司去邊後將水果奶油平均鋪上,夾成三明治狀後,要吃時再切成 4 個小方塊（用保鮮膜包起,放冷藏 20 分再食用,口感更佳）。

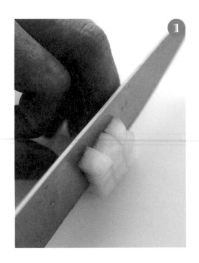

迷迭香雞肉三明治

Rosemary chicken sandwich

Toast
吐司

材料 { Material }

a 去骨雞腿肉 1 隻　　　g 蒜頭數片
b 迷迭香 1 支　　　　　h 橄欖油 10 cc
c 檸檬汁少許　　　　　i 吐司 4 片
d 海鹽適量　　　　　　j 生菜 2~3 小片
e 胡椒適量　　　　　　k 辣椒 1 根
f 白酒或米酒 1 小匙

作法 { Practice }

1 生菜及辣椒切絲，將雞腿肉切井字，比較易熟和入味。

2 將海鹽及胡椒抹在雞肉上，接著撒一點白酒、放上蒜頭片和迷迭香，接著淋上檸檬汁及橄欖油，然後用手輕柔地抓捏，讓所有的味道混在一起，最後放入保鮮盒，靜置 4 小時。

3 醃過的雞腿肉以中火至小火煎八分鐘，起鍋前開中大火，使外表焦脆，起鍋放涼一下，切 1 公分條狀，放在烤過的吐司上，再舖上生菜絲及辣椒絲即可。

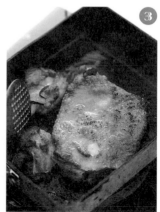

乳酪鮪魚三明治

Cream cheese, tuna Sandwich

Tosat
吐司

材料 { Material }

a 鮪魚罐頭 100 克　　f 番茄 1 片
b 洋蔥 1/4 個　　　　g 小黃瓜 1/3 條
c 奶油乳酪 100 克　　h 白煮蛋 1 個
d 美奶滋 3 大匙　　　i 吐司 4 片
e 粗顆粒黑胡椒 1/4 小匙

作法 { Practice }

1 洋蔥切末、奶油乳酪放室溫軟化一下、小黃瓜及番茄切片備用，將鮪魚罐倒出水及油，取一個碗，將鮪魚、洋蔥、奶油乳酪、美奶滋及黑胡椒混合攪拌。

2 將水煮蛋泡冰水備用，蛋泡冰水或冷藏一下，會比較好切，切口也比較漂亮。

3 用切蛋器切片，吐司去邊，抹上作法 1 的混合料，約適量放上小黃瓜片、番茄片及蛋片即可。

燒烤牛肉三明治

Roasted beef sandwich

材料 { Material }

a 牛肉片 60 克
b 鹽適量
c 黑胡椒適量
d 生菜少許
e 美奶滋 1/2 大匙
f 辣醬油 1/2 小匙
g 吐司 2 片
h 磨菇 1 個
i 蒜頭 1 個

作法 { Practice }

1　將蒜頭及磨菇切片；生菜泡冰水後瀝乾備用。

2　牛肉片煎之前用紙巾擦乾水份，比較不會油爆，而且表面會產生焦黃，味道較好。

3　牛肉擦乾後撒上適量的鹽及黑胡椒，中大火煎至5 分熟，用剩下的油將蒜片及磨菇煎香；將烤過的吐司塗上美奶滋及辣醬油，再放上牛肉、生菜、磨菇及蒜片即可。

Toast
吐司

愛上布列德！麵包的49種美味吃法 077

part 3

夾堡

平凡單調的麵包會隨著加入不一樣的材料，而變化
成不同口味，可以依照不同季節加入各種當季食
材，這也是手作麵包料理的最大樂趣。

蘆筍柴魚可頌

Asparagus Croissant

材料 { Material }

a 蘆筍 6 支
b 柴魚片少許
c 可頌 2 個
d 美奶滋適量

作法 { Practice }

1 將蘆筍汆燙約 1 至 2 分鐘。

2 起鍋後泡冰水。

3 以廚房紙巾將蘆筍擦乾；將可頌從中間剖開，放入烤箱烤出香味，拿出後可頌中間點上美奶滋、夾入蘆筍、柴魚片即可。

Croissants
可頌

培根生菜堡

Lettue, Bacon bread

Meal Bun
餐包

材料 { Material }

a 培根 2 片
b 美生菜 2 大片
c 洋蔥 10 克
d 奶油 10 克
e 餐包 1 個

作法 { Practice }

1 將培根用小火煎一下,直到有香味即可起鍋。

2 煎好後用廚房紙巾吸去多餘油脂。

3 將美生菜撕成一口大小,洋蔥切絲,二者一起放入冰水中冰鎮三分鐘,然後瀝乾備用;在餐包中間切一刀,將奶油塗抹於餐包開口處,然後放入烤箱以 150 度烤 3 分鐘,拿出後依序夾入美生菜、洋蔥絲與培根即可。

鮭卵薯泥夾心堡

Salom egg with Creamy Mashed Potatoes Bread

Meal Bun
餐包

材料 { Material }

a 馬鈴薯 150 克
b 醃漬鮭魚卵 50 克
c 美奶滋適量
d 海苔絲少許

e 青蔥少許
f 餐包 1 個

作法 { Practice }

1 將馬鈴薯去皮,以微波加熱或蒸熟了後,趁熱搗碎成泥狀。

2 在馬鈴薯泥中加入適量美奶滋及奶油;將餐包從中剖開一刀,填滿馬鈴薯泥後放上鮭魚卵,最後放上海苔絲及青蔥末。

經醬油拌抄的牛蒡香味令人難以抗拒，搭配烘烤過的金黃麵包，料豐味美。

金平牛蒡堡

Jinping burdock Bread

材料 { Material }

a 牛蒡1根
b 豬肉100克
c 乾辣椒2根
d 餐包2個
e 青蔥少許

醬料
f 水250cc
g 醬油55cc
h 味醂45cc
i 糖1小匙

作法 { Practice }

1 乾辣椒切碎；青蔥切末，沖開水把生味去掉；以刀背將牛蒡去皮。

2 去皮後切絲，牛蒡絲要馬上泡水冰鎮，不然很容易就會變黑。

3 放油熱鍋後，將辣椒末及豬肉炒香後，加入牛蒡翻炒；將醬料混合後倒入鍋中一起煮，再繼續炒至收汁濃稠狀；將餐包從中切開，夾入炒好的料，最後放上一點青蔥末就完成了。

德國香腸堡
German sausage Bread

Meal Bun
餐包

材料 { Material }

a 德式香腸 1 根
b 餐包 1 個
c 德國泡菜 40 克
d 美奶滋適量
e 黃芥末醬適量

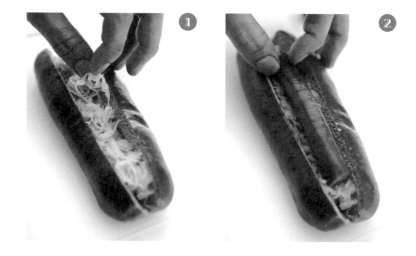

作法 { Practice }

1 將香腸燙熟或煎一下,然後切開餐包,在底部均勻舖滿泡菜。

2 將香腸放在泡菜上,再淋上美奶滋及黃芥末醬。

奇異果起司堡
Kiwi cheese Bread

Meal Bun
餐包

材料 { Material }

a 奇異果 1 顆
b 切達起司 30 克
c 黑橄欖 3 顆
d 餐包 1 個

作法 { Practice }

1 黑橄欖切成片狀備用；將奇異果去皮。

2 去皮後切片。

3 起司先切條狀再切成片狀；餐包切開後，將所有食材夾入即可。

香濃起士與清爽奇異果的組合，

營養又健康，也讓餐桌上的色彩更豐富。

一個人慢慢吃著周末的午餐，

悠哉的心情搭配親手做的通心麵堡，一點都不孤單。

沙拉通心麵堡
Macaroni salad bread

材料 { Material }

a 通心麵 200 克
b 毛豆仁 40 克
c 胡蘿蔔丁 40 克
d 雞蛋 2 個
e 美奶滋 100 克

f 檸檬汁少許
g 餐包 1 個
h 胡椒適量
i 海鹽適量

作法 { Practice }

1 將毛豆仁、胡蘿蔔丁與雞蛋一起下水燙熟；通心
麵煮熟後撈起。

2 通心麵撈起後立即泡冰水，吃起來口感更 Q。

3 水煮蛋放涼後切成條狀後，與毛豆仁、胡蘿蔔
丁、美奶滋、胡椒及海鹽，再淋上新鮮檸檬汁，
一起攪拌均勻，夾入餐包中，就完成了。

Meal Bun
餐包

番茄豆莢蛋堡
Tomato, egg pea bread

Meal Bun
餐包

材料 { Material }

a 蛋1個

b 小番茄2個

c 豌豆莢數支

d 美奶滋30克

e 檸檬汁少許

f 胡椒適量

g 海鹽適量

h 餐包1個

作法 { Practice }

1 蛋燙熟後放涼，切成四等份瓣狀；小番茄切片備用；將豌豆莢去梗。

2 豌豆莢去掉硬梗後，汆燙2分鐘撈起泡冰水，以紙巾瀝乾後備用。

3 把番茄、水煮蛋、豌豆莢夾入餐包中；將美奶滋與檸檬汁、胡椒及海鹽混合成調味醬，適量抹在餐包上即可食用。

青綠爽脆的豌豆夾不需要過多調味料就很美味，
再配上一整壺奶香茶香濃郁的英式奶茶，馬上獲得滿滿元氣。

海苔奶油起司堡
Cream cheese, seaweed bread

材料 { Material }

a 海苔 3 片
b 奶油起司 30 克
c 餐包 1 個
d 小黃瓜 1 條

作法 { Practice }

1 小黃瓜洗淨後，用削皮刀削成片狀並切小段。

2 用廚房紙巾吸乾小黃瓜表面水份；將餐包切開，放入
奶油起司、海苔及小黃瓜即可。

多汁的小黃瓜無比清甜爽口，正好和鹹香的海苔和諧相佐，
好吃得不得了。

火腿泡菜堡

Kimohi, ham bread

Meal Bun
餐包

材料 { Material }

a 泡菜 50 克

b 火腿 2 片

c 蔥花少許

d 餐包 2 個

e 起司絲 30 克

f 煙燻起司 10 克

作法 { Practice }

1 火腿切絲、泡菜擰乾水份備用；餐包以麵包刀切開。

2 依序將起司絲、煙燻起士、火腿及泡菜夾至餐包內。

3 放入烤箱，以 180 度烤 7 至 10 分，待起司溶化即可，最後放上蔥花即可食用。

part 4

創意風味

從前菜、主食到湯品，千變萬化，即使是切下來的
吐司邊，也可以經由各種調味方式而變成美味好吃
的點心。

玉米筍蟹肉棒
Corn, crab stick

材料 { Material }

a 玉米筍 2 支
b 蟹肉棒 2 支
c 吐司 2 片
d 美奶滋適量
e 起司絲 20 克

作法 { Practice }

1 玉米筍汆燙 5 分鐘，泡冰水後切長條狀，蟹肉棒也切長條備用。

2 再將吐司去邊塗上美奶滋，再放上玉米筍條、蟹肉條與起司。

3 邊緣可塗上一點美奶滋固定吐司捲。

4 用保鮮膜包吐司捲，幾分鐘定型後，拿掉保鮮膜，以低溫 150 度油炸吐司捲，吐司表面上色即可撈起。

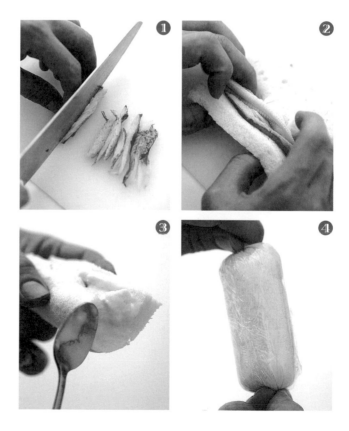

Toast
吐司

烤吐司布丁
Toast pudding

Toast
吐司

材料 { Material }

a 牛奶 200cc
b 白砂糖 40克
c 蛋 2個
d 檸檬汁少許
e 肉桂粉或是蜂蜜少許
F 厚片吐司 2片

作法 { Practice }

1 將牛奶、白砂糖、檸檬汁混合後，加入蛋。

2 以筷子或攪拌器拌匀蛋液。

3 將吐司撕成塊狀，放入焗烤盤子，倒入蛋液；以180
度烤12分至15分，吃時可以淋上一點蜂蜜或撒上肉
桂粉。

鬆軟的布丁一入口，

剎時從味蕾到身心都整個暖烘烘甜蜜蜜的美妙感覺，

吃到盤底朝天仍覺意猶未盡。

金黃外皮包裹著熟度恰到好處、甜軟多汁的洋蔥，

配上一口冰涼的啤酒，讓人心滿意足，忘了一整天的疲憊。

炸洋蔥圈
Fried onion

材料 { Material }

a 洋蔥2個

b 麵糊：100克的低筋麵
粉加180cc的水

c 乾粉：麵包粉100克、
鹽少許、匈牙利紅椒粉
3克（或義式香料3克、或
法式香料3克）

作法 { Practice }

1 將洋蔥以逆紋切環狀切成約1.5公分厚片，用手
分開洋蔥圈。

2 準備2個碗，1個放麵糊，1個放乾粉，將洋蔥圈
先沾麵糊再沾乾粉。

3 用170至180度的油溫，將洋蔥炸至上色即可，
起鍋後以紙巾瀝去多餘油脂。

牛肉吐司捲
Beef roll

材料 { Material }

a 滷牛腱 4 片
b 甜麵醬 2 大匙
c 青葱 1 小段
d 吐司 2 片

作法 { Practice }

1 吐司去邊，比較容易捲起與定型。

2 將牛腱及青蔥切成條狀。

3 在吐司上塗上甜麵醬，放上青蔥與牛腱，用保鮮膜捲起來即可。

綜合野菇烤厚片

Mushroom cheese gratin

材料 { Material }

a 蒜末5克
b 奶油20克
c 沙拉油20克
d 菇類：杏鮑菇30克、香菇10克、鴻喜菇30克
e 起司絲20克
f 鹽適量
g 黑胡椒適量
h 沙拉米2片
i 吐司2片
j 奶油白醬15克

作法 { Practice }

1 將1片吐司中間挖空，切出一個小方塊。

2 將蒜末、奶油及沙拉油下鍋，再開火炒出香味，然後放進切成片狀的菇類，以鹽及黑胡椒調味。

3 將完整的那片吐司抹上奶油白醬（作法詳見第13頁），再把挖空的吐司疊上，放入炒好的菇類、沙拉米及起司，然後整個放進烤箱，以220度烤10分鐘就完成了。

番茄乳酪麵包串
Tomato, cheese, basil sticks

材料 { Material }

a 切達起司 50 克
b 紅或黃番茄 3~5 個
c 麵包丁適量
d 羅勒或九層塔數片
e 橄欖油 1 小匙
f 黑胡椒少許
g 黑橄欖 3~5 個

作法 { Practice }

1 將起司、番茄、麵包丁及羅勒串成一串。

2 在橄欖油裡撒上一些黑胡椒,食用時淋上麵包串即可。

蔬菜麵包棒
Vegetables and bread sticks

Toast
吐司

材料 { Material }

a 小黃瓜1條
b 紅蘿蔔1條
c 芹菜1條
d 吐司2片或吐司邊數條

醬料

e 芥末美奶滋
（作法詳見第14頁）
f 巴西米可油醋
（作法詳見第12頁）
g 蝦卵美奶滋
（作法詳見第14頁）

作法 { Practice }

1 將紅蘿蔔去皮，芹菜切除硬梗；蔬菜與吐司或吐司邊切成相同大小的條狀。

2 吐司或吐司邊放進烤箱，用180度烤5至6分；蔬果食用前可蓋上沾濕的紙巾，以保持水份；食用時以蔬果棒及麵包棒沾抹醬料。

蘋果油醋沙拉
Apple vinegar salad

Toast
吐司

材料 { Material }

a 蘋果油醋醬：特級橄欖
　油45cc、蘋果醋30cc、
　鹽適量、黑胡椒適量
b 美生菜150克
c 紫高麗菜苗10克

d 洋蔥絲20克
e 番茄1個
f 起司粉適量
g 麵包丁適量

作法 { Practice }

1 美生菜洗淨後泡冰水備用，將油醋醬的材料混合拌
　匀。

2 將番茄切成小丁狀，其餘食材也切成容易入口大小；
　麵包丁以烤箱烤至酥黃後，將所有材料拌匀，食用前
　淋上蘋果油醋醬及起司粉即可。

綜合起司烤厚片
Cheese Toast

Toast
吐司

材料 { Material }

a 莫札瑞樂起司絲 10 克

b 煙燻起司 10 克

c 奶油起司 10 克

d 起司粉 5 克

e 厚片吐司 1 片

起司可自由選擇幾種不同口味的，口感較有層次。

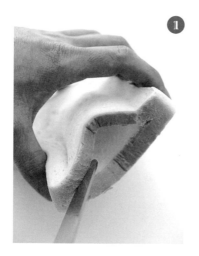

作法 { Practice }

1 將厚片吐司中間切開，但小心不要切斷。

2 將數種起司及起司粉塞入吐司內，放進烤箱以 180 度烤 10 分鐘，取出即可食用。

法式甜吐司
Sweet French Toast

Toast
吐司

材料 { Material }

a 吐司2片
b 雞蛋2個
c 白砂糖60克
d 肉桂粉少許
e 奶油30克
f 鮮奶油30ml
g 檸檬汁少許

作法 { Practice }

1 混合蛋、白砂糖40克及檸檬汁少許，均勻打散，在蛋汁中最後加入鮮奶油，口感會更香濃綿密。

2 將吐司壓浸在奶油蛋汁中，以鍋子融化奶油後，將吐司煎至上色，最後混合少許肉桂粉及20克白砂糖當作佐料。

❶

❷

蘑菇炒蛋夾心
Mushroom scrambled egg bread

Meal Bun
餐包

材料 { Material }

a 芝麻餐包 1 個

b 蘑菇 5 朵

c 蛋 3 個

d 鮮奶油 30 ml

e 奶油 30 克

f 起司絲 15 克

作法 { Practice }

1 將蘑菇切成片狀，用油炒香備用。

2 在平底鍋中融化奶油，放入打散的蛋、鮮奶油與起司絲，開中火，將蛋往中間撥，加進蘑菇炒到快熟即可，蛋的餘溫會讓它繼續加熱；將炒蛋夾入餐包中即可，喜歡吃辣的人，可加一點辣椒粉。

好吃吐司的3個條件

外觀

完美的吐司膨皮渾圓,絕不是呆板的立方體。麵包組織氣孔細緻均勻,纖維綿長,表皮薄而亮。

味道

麵粉品質好,酵母菌有活力,發酵時間夠,烘烤溫度對,吐司會散發自然發酵的獨特香味,絕不是人工香料味。

口感

柔軟是好吐司的優先條件。送到口中與唾液結合後,擁有恰到好處的濕潤度,舒鬆有彈性,愈嚼愈甜。

麵包小常識

麵包是一種用小麥或五穀磨粉製作並加熱而製成的食品，也是最古老的人工食物之一，早在新石器時代已經出現。但究竟於何時才被人類當做為主要的食物，至今答案仍未知。

在距今六千年前的古埃及壁畫中，已經出現利用太陽強光燒烤麵餅的畫面。因為尼羅河流域盛產小麥，古埃及人已開始將小麥磨成粉，加入水拌在一起，擺在溫熱的地方，利用空氣中的野生酵母讓麵糰自然發酵後，再拌入馬鈴薯及鹽揉成麵糰，放在太陽燒烤過的石頭上，利用強烈的日光烤成麵餅。古埃及人不明白這就是發酵原理，因此認定是太陽神的恩賜，所以稱麵包為「神的贈禮」。

臺灣自日治時代，傳入麵包，但在1930年之前一般百姓少有吃過麵包，而名稱則是經由日語的「パン」（pan）再流傳成為臺灣話「pháng」並沿用至今。台語的吐司發音為「食パン」（發音似修胖），不是便宜的麵包，而是日語發音。

戰後國民黨遷台，又傳入多種中國內地各省食物，如饅頭、燒餅、油條、包子、小籠包、餡餅等均屬廣義的麵包。臺灣自1990年代開始特有的早餐店文化逐漸風行，已經提供各式麵包與吐司，類別十分獨特，與一般西式三明治並不相同。

part 5

美味大搜查

細緻綿密、香濃咬勁、高矮胖瘦、酸甜軟硬的麵包
各有不同,種類、吃法和口味五花八門,本章介紹
採用天然素材、製作嚴謹的手工人氣麵包,嚐鮮就
趁現在。

Lesson:1
職人店家

阿春店酸梅之家

嚐過就上癮的樸實滋味

　　古色古香的酸梅湯店頭為什麼擺放著一櫥窗的麵包？是大多數人進到這家店時第一個出現的念頭。最愛在店裡泡茶和客人聊天，留著小辮子的店長阿春伯，其實是麵包烘培界裡有名的資深老師傅，像極周星馳電影中，看似不起眼的老人卻有著深藏不露的好功夫。

　　阿春伯早年出國學習烘焙技巧，其扎實的功夫更奠基於中山北路的知名老店經歷，如沙利文西點麵包、馥蘭西點麵包及華泰西點麵包等地方。現在熱愛

麵包的阿春伯在寧靜的巷子裡開了一家可愛的小店，主要販賣古法熬煮的桂花酸梅湯，但也兼顧手工麵包的教學與販售，每天數量不多，但早已擁有一批口耳相傳的老饕愛好者。沒有一般坊間麵包店添加的乳化劑及改良劑，只有食材原本的香氣與原味，就算吃多了也不會有胃脹及胃痛的情形。

　　店內麵包種類多以歐式雜糧為主，也有一些台式口味，其特色是麵包都以傳統發酵、無化學添加物與油脂製法製

Note

地址：台北市南港區玉成街 12-2 號

電話：(02)2783-8259

營業時間：09:00~20:00 （星期六、日公休）

部落格：http://tw.myblog.yahoo.com/chun-li

作，除了每日少量現做的蛋糕餅乾之外，麵包採預約制，也有客製化服務。

推薦幾種師傅研發的自信口味，如

1.黑糖核葡健康雜糧麵包：是以四小時酒種發酵熟成的中種麵糰，搭配核桃與葡萄乾烘焙，麵皮香純，口感紮實，非常有咬勁，微微的黑糖香氣，愈嚼愈有味道。

2.浪漫玫瑰情人麵包：麵糰為酒種發酵技術，搭配自家種的有機玫瑰花瓣、桂圓乾及核桃，淡淡的玫瑰香很特別。及核桃的味道。另外還有紫米麵包與水果蜜餞麵包，都是市面上很難見到的口味，值得一試。

傳統發酵、無化學添加物與油脂製法製作!

Lesson:2
職人店家

野上麵包坊
出爐就賣光的秒殺麵包

　　座落於蘆竹鄉南平街的「野上麵包坊」。有著悠閒的露天咖啡座，與川流不息店面形成強大反差，因為生意太好，經常一出爐就被搶購一空，日籍麵包師傅野上智寬只好限制每天開店 5 次，開門前半小時就出現排隊人潮。吐司 1 天限量 150 條、法國麵包 250 條，每人限購吐司 1 條、原味法國麵包 1 條，而且不接受預定。

　　野上麵包乍見之下不太討喜，表面有點黑，有的人會以為烤焦了。但是野上說「這樣才可以引出麵包深層的香味啊。」剛開始經營時，他也因此面臨很大的挑戰，因為大家覺得他的麵包很焦，所以都不敢買，那時他中午常落得清閒，還能睡午覺。雖然曾有放棄的念頭，好在咬牙堅持自己的風格，漸漸地回籠客愈來愈多，生意也跟著好起來。

　　店裡最受歡迎的是吐司和法國麵包，吐司有脆皮、蜂蜜、胚芽、原味等，蜂蜜口味最香甜誘人，脆皮吐司最特別，建議食用前再適度烘烤，外皮、

Note

地址：桃園縣蘆竹鄉南平街58號

電話：(03)312-0433

出爐時間：11:00、13:30、15:30、17:30、19:30

（星期六公休）

內裡都酥脆，口感一流。野上本人推薦的招牌則是卡努力、可頌及潘尼多妮。

野上曾任職於日本木村屋、日本DONQ麵包、台灣DONQ麵包，2008年於桃園南崁開設自己的麵包店。已經有了20多年的麵包烘焙經驗，想開麵包店的理由很簡單，單純想做出自己理想中和會想吃的麵包。他的麵包哲學是「廚藝是永無止盡，必須持續一輩子的學習；而用合理的價錢提供好吃的東西，是麵包職人該有的道德。」

品嘗過店內的麵包後，我個人特別喜好1.可頌：採用法國AOC奶油，有著自然的奶香，和香酥的口感，沒有人造奶油的膩口。2.伯尼起司麵包：有著令人驚艷的烤魷魚香味，忍不住讚嘆打從心底讚嘆。3.卡努力：一入口最先感覺到焦糖化的甜味，然後散發出奶味及蜂蜜芳芬，風味濃郁。

鬍子麥胖

Lesson:3
職人店家

手感烘培的豐富風味

　　看著溫暖而簡約的店面風格，小巧乾淨的招牌上印著老板及老板娘的畫像logo，我好奇地詢問店名為何叫鬍子麥胖，有著酷酷山羊鬍的老板回答說「我有鬍子，又賣 pan（日文），所以就叫鬍子麥胖啦。」

　　鬍子老板雖然年輕但資歷豐富，從聖瑪麗、順成、葡吉、爵士，到後來的喜憨兒行政主廚，他一直堅持著「賣吃的要有良心，對客人視如己出」的原則做事。為了將自己對麵包的熱情及感動完全呈現出來，於是在三年前決定自行創業。他相信如果能投注心力，客人是一定可以感受到他的誠意。

　　一開始主要僅販賣歐式麵包，但是由於客人反應，所以陸續增加了一些台式的麵包種類。為了讓客人有新鮮感，麵包種類不固定，採隔日交叉替換口味方式。其麵包的特色為麵團攪拌的方式不同，所以吃起來質地結實，可同時體會鬆軟與嚼勁兩種口感。

　　我個人很喜歡沒有多餘香味、入口

Note

地址：台北市南港區玉成街66-26號1樓

電話：(02)2651-8979

營業時間：7:00~22:00（星期六公休）

時稍微樸素、但具有多重口感層次的麵
包，鬍子麥胖裡的麵包非常符合這樣的
特質，讓人一試成主顧。

特別推薦1.巨無霸：香酥的麵皮帶
有起司的香氣，外酥內軟，很適合沾抹
鰻魚醬或是橄欖油一起食用。2.裸麥水
果麵包：裸麥的香氣配上水果的微酸，
很適合配著沙拉就口，或製作小披薩。
3.裸麥紅豆：紅豆、核桃跟葡萄譜成的
酸甜口味，配上可愛的形狀很討喜。
4.無花果麵包：使用70%的無花果果
實，吃得到天然的果粒和香氣。

Lesson:4
職人店家

麵包廚房

健康有機的單純美味

　　麵包廚房從一張小桌子開始，10年來已有一群的死忠顧客。一進到店裡就能聞到獨特風味的小麥香氣，簡單的裝潢與開放式的廚房，讓客人可以享受單純而美好的下午時光。

　　以天然健康麵包為標榜，負責人葉小姐強調，所有的產品都是自然發酵，絕不加任何的改良劑及其它化學的成份。只選擇最好、最單純的素材，演繹出美味的魔法。主要原料就是麵粉（非預伴粉）、高級橄欖油、法國的奶油及各項天然佐料。師傅說這　的麵包放了三天，還是會一樣好吃，因為經過熟成的階段，麵包會顯現出不同的風味，相當特別。

　　葉小姐20年前曾任職 Yamasaki 的外場經理，加上從小常

Note

地址：台北市萬華區峨嵋街66號

電話：(02)2311-9866

營業時間：11:00~21:30（星期日、一休息）

優惠訊息：每天提供特定產品試吃，免費備茶招待

吃到好吃的東西，所以對怎麼做好吃的麵包比較有概念。她希望開一家以健康為目標的店，希望吃到麵包的人，可以感受到她的心意。

店內麵包皆手工自製，沒有固定樣式，每天大約有十多種。超人氣的招牌是：1.馬芬：口感軟Q有韌性，咀嚼之間散發出清新的天然香氣，沾上特級橄欖油滋味更加分。2.白芝麻麵包：濃濃的芝麻味及麵包香，口感令人玩味。3.柳橙蛋糕：可以吃到新鮮的果香而帶點顆粒感的蛋糕，非常有質感。4.肉桂卷：口感綿密，還有焦糖及核桃的美妙融合，爽口不甜膩。

Peter pan

香甜不膩的歐式和風麵包

店名 Peter Pan 即含有永遠的童心，追求美好與趣味之意，更取其有日文麵包 pan 的諧音。店內師傅都很年輕，工作氣氛非常有活力。由留日的台灣林師傅林先生及日本橫山師傅聯手打造的彼得潘烘培坊，希望成為一家讓人進門就會歡呼的店。

林先生有著 10 多年的麵包烘焙經驗，曾任職於日本王子飯店及皇冠等名店，他將在日本學習到認真的職人精神，完全應用在他自已的店裡。更因曾

經在麵粉製造商相關上游產業工作過，也讓他對於原料的挑選非常講究。少油、健康、天然是他的堅持，他認為單純的歐式麵包，最能吃出沒有包裝的原始美味，能製作出美味歐式麵包的師傅，才是真正的麵包師傅。

帶著濃厚日本風味的彼得潘麵包，講究正統日式工法，注重四大原則，1.只採用天然原物料、不使用人工添加物。2.以低溫長時間發酵，歐式麵包皆以法國進口蒸氣烤箱烘培。3.時常研

Note

地址：台北縣林口鄉文化一路一段 135 巷 7 號 1 樓

電話：(02)2609-0990

營業時間：11:00~21:00

店內免費咖啡供應時間：每天 11:00~16:00

發、推出新商品。4.注重個人及環境衛生、廚房定期消毒。

店面採開放式，沒有過多裝潢，並隨時播放讓人心情愉快的古典樂，讓客人可享受無壓力的購物空間。有別於一般的麵包店，架子做得很低，目的是讓小朋友能看得到也拿得到。

值得一提的是店裡的麵包名字都很有趣，例如 1.無限可能：特別的 8 字型，有培根的味道與法式芥末的香氣，讓人一吃就難以忘懷。2.辣味幫寶適：酥脆的外皮配上辣味起士，是一款有深度的大人口味，配上涼爽的啤酒更對味。3.男爵：充滿麵粉的香氣，內藏有滿滿的馬鈴薯。4.蜂蜜圓月彎刀：天然蜂蜜的微甜加上核桃的風味，讓人忍不住一口接一口。

永遠充滿童心的 Peter Pan

非凡麵包

撥動心弦的極品吐司

　　曾被天下雜誌評鑑為「愛上台北四個理由的迷人香氣」的非凡麵包店，以專門供應餐廳及大飯店的白吐司起家，光做白吐司生意就好到不行，還因此設立獨立的吐司生產線，由數位師傅專職負責。其他種類的麵包如歐式麵包及糕點等，是在近幾年在擴張店面之後才開始製作販賣。

　　負責人張先生說，其實各家麵包店使用的原料與配方差不了多少，但麵包是活的，需要在溫度、濕度及時間等因素下功夫，才能將平凡的東西做到不平凡。而「平凡的價格，非凡的品質」更是他多年來堅持追求的理想。

　　座落於民生社區，維持15年以上屹立不搖的麵包老店，從上午至下午，人潮絡繹不絕，吐司及麵包幾乎一出爐就搶購一空，很多的死忠客戶都是附近的老鄰居，從小吃到大的人更不在少數。由於品質口味大受好評，更於2003年直營的麵包餐飲店，可在店裡享受各式美味的麵包料理。

Note

地址：台北市富錦街488號

電話：（02）2753-0100

營業時間：7:30~22:00

網址：www.vivacake.com.tw

　　非凡麵包的經典推薦麵包，不用說當然就是白吐司：有著濃濃的奶香，其帶點Q度及軟香的口感，光是單純咀嚼就能品嚐到極緻香氣，偶爾夾上新鮮生菜及火腿，更是享受。非常建議將厚片吐司烤來食用，稍微加熱後外酥內軟，抹上奶油或淋上一點果醬，更是好吃到舌頭都要化掉了。店家最近開發出新式的紅麴麵包，用自家培養的紅麴加上葡萄，非常特別。

「平凡的價格，非凡的品質」更是他多年來堅持追求的理想。

Lesson:7
職人店家

Primo

提升麵包美味的香濃起司

乳製品的美味凝縮成塊，香濃醇厚的起司，無論是切成小塊配上葡萄酒享用，還是刨成細絲加入料理中，讓其溶化成柔軟流動時熱騰騰地品嚐，都給人大大的滿足感。而起司與麵包的組合，更是一絕。

起司是麵包的好伙伴之一，尤其是披薩及焗烤類，全都少不了它。無論是拌入肉類、海鮮或是蔬果，只要烘烤後，融化的起司不僅氣味飄香，更有著拔絲的迷人口感，趁熱品嚐，那股濃濃的奶香最教人滿足。

座落於忠孝 Sogo 的小巷 Primo 起司專賣店，除了販售數十種天然起司，還供應相關的起司料理，義大利麵及披薩都十分美味。

起司達人 Hed 在取得丹麥乳酪學校 Bachelor of Cheese 及 Master of Cheese 的資格後，曾任富華乳酪 Mr. Cheese 的行銷經理，致力於推廣起司的文化。Hed 說：「對她而言，起司是一扇門，一道通往美食及美麗人生的門」，另外為了讓客人分享到最美味的起司，店裡的起司要時時

Note

地址：台北市復興南路1段107巷14號

電話：(02)2711-1726

營業時間：一、二、三、四、日 11:30~22:00

五、六 11:30~23:00

的照顧，就像對待小 baby 一樣，用愛對待。用愛惜的心態，對待食物，是她的哲學。

想要品嚐起司的風味，最經典的形式是「起司盤」。不管是在餐廳點用或自己在家準備，起司盤的份量是依人數來定，通常會準備三到四款不同的起司，最多一次不要超過七種，味道濃的與淡的併置於盤中，講究一點，還會注意到軟硬均衡，連顏色也挑剔。

而與起司盤對味的飲品，以紅酒最「速配」。挑選的原則多是與起司同一產區的葡萄酒。通常，風味溫潤的新鮮起司及半硬質起司，以口味較淡的紅酒及不甜白酒為佳；風味特殊的羊乳及白黴起司，以濃郁紅酒為宜；味道最重的藍起司，則需濃重的紅酒或波特酒、甜白酒來相輔相成。最近幾年，也有人拿來配啤酒、水果酒或白蘭地，另類口感倒也別有驚喜的滋味。

至於起司最好的保存方式就是放在冰箱冷藏室中冷藏，再者，打開包裝的起司，如果沒有一次吃完，記得用保鮮膜包好，避免接觸空氣，再放進冰箱內，以保持口感。

C O P Y R I G H T

腳丫文化
■ K051

愛上布列德！麵包的49種美味吃法

國家圖書館出版品預行編目資料

愛上布列德！麵包的49種美味吃法 / 張
智強著. -- 第一版. -- 臺北市：腳丫文化,
民99.09
面；　公分
ISBN　978-986-7637-61-1（平裝）
1. 速食食譜
427.14　　　　　　　　　　　99014871

著 作 人：張智強
社　　 長：吳榮斌
企 劃 編 輯：陳毓葳
美 術 設 計：劉玲珠
出 版 者：腳丫文化出版事業有限公司

總社・編輯部
地　　 址：104 台北市建國北路二段66號11樓之一
電　　 話：（02）2517-6688
傳　　 真：（02）2515-3368
E - m a i l：cosmax.pub@msa.hinet.net

業 務 部
地　　 址：241 台北縣三重市光復路一段61巷27號11樓A
電　　 話：（02）2278-3158・2278-2563
　　　　　：（02）2278-3168
E - m a i l：cosmax27@ms76.hinet.net
郵 撥 帳 號：19768287 腳丫文化出版事業有限公司

國 內 總 經 銷：千富圖書有限公司（千淞・建中）
　　　　　　　 (02)8521-5886
新加坡總代理：Novum Organum Publishing House Pte Ltd
　　　　　　　 TEL：65-6462-6141
馬來西亞總代理：Novum Organum Publishing House(M)Sdn. Bhd.
　　　　　　　 TEL：603-9179-6333
印 刷 所：通南彩色印刷有限公司
法 律 顧 問：鄭玉燦律師　(02)2915-5229

定　　 價：新台幣 250 元
發 行 日：2010 年 9 月　第一版　第 1 刷